长庆油田公司
安全环保禁令
##

长庆油田公司　编

石油工业出版社

图书在版编目（CIP）数据

长庆油田公司安全环保禁令学习手册 / 长庆油田公司编 .—北京：石油工业出版社，2021.10（2021.11重印）

ISBN 978-7-5183-4946-3

Ⅰ.①长… Ⅱ.①长… Ⅲ.①石油企业 – 安全管理 – 陕西 – 手册 Ⅳ.① TE687–62

中国版本图书馆 CIP 数据核字（2021）第 211346 号

出版发行：石油工业出版社

　　　（北京安定门外安华里 2 区 1 号　100011）

　　　网　址：www.petropub.com

　　　编辑部：（010）64523553

　　　图书营销中心：（010）64523633

经　销：全国新华书店

印　刷：北京晨旭印刷厂

2021 年 10 月第 1 版　2021 年 11 月第 2 次印刷

880×1230 毫米　开本：1/64　印张：3

字数：69 千字

定价：45.00 元

（如出现印装质量问题，我社图书营销中心负责调换）

《长庆油田公司
安全环保禁令学习手册》

—— 编委会 ——

主　任：何江川　　石道涵

副主任：高占武　　张正文

委　员：李　佩　　任彦兵　　郭生忠　　鲁艳峰

《长庆油田公司
安全环保禁令学习手册》

—— 编 写 组 ——

主　编：李　佩

副主编：张金锁　廖　健　赵晓春

编写人：冯　伟　马玉峰　黄　湛　王　勇

　　　　辛生会　黄　彬　王中海　张　亮

　　　　韩海涛　田　建　胡靖平　刘小兵

　　　　高　磊　高　飞　刘小江　陈　刚川

　　　　陈立海　曹海伟　刘璐明　沈　川

习近平总书记指出

★坚持人民至上、生命至上。要始终把人民群众生命安全和身体健康放在第一位。

★绿水青山就是金山银山。坚持保护优先，坚持山水林田湖草沙冰一体化保护和系统治理。

中国石油天然气集团有限公司

"四全"管理

全 员　　全过程　　全天候　　全方位

"四查"要求

查思想　　查管理　　查技术　　查纪律

· 今天的质量就是明天的安全，今天的质量就是明天的效益。

· 安全生产的纪录是一个企业综合管理水平的体现。

长庆油田公司

长庆精神

忠诚担当　　创新奉献

攻坚啃硬　　拼搏进取

长庆油田安全观

生命和健康高于一切

长庆油田 QHSE 管理理念

· 以人为本、质量至上、安全第一、环保优先；

· 一切事故都是可以预防和避免的；

· 员工的生命和健康是企业发展的基础；

· 安全环保是最大政治、最大效益、最大民生；

· 在保护中开发，在开发中保护，环保优先；

· 安全源于责任心、源于设计、源于质量、源于防范。

长庆油田"五个安全"方法论

· 各级领导干部要率先垂范，决策部署"想安全"，逢会逢场"讲安全"，全面系统"抓安全"，四不两直"查安全"，季度年度"考安全"。

长庆油田 QHSE 方针

以人为本 预防为主

诚实守信 全员履责

精益求精 持续改进

长庆油田 QHSE 战略目标

· 追求零伤害、零污染、零事故、零缺陷，在质量、健康、安全与环境管理方面达到国内同行业领先、国际一流水平。

对于一个人，安全意味着健康；对于一个家庭，安全意味着和睦；对于一个企业，安全意味着发展，更意味着政治担当。所以，"安全"两个字是企业的一个永恒话题。

为了保护员工生命和防止员工受到伤害，国内外各大石油公司多数都制定了"救命法则"或"安全禁令"。"安全禁令"是保护员工生命健康安全不可逾越的红线和底线，是员工工作的基本遵循和行为准则。

长庆油田公司安全环保禁令是在安全环保新的形势下，对多年来安全生产和生态环境保护规律的再认识、再总结，是长庆人"忠诚担当、创新奉献、攻坚啃硬、拼搏进取"精神的体现，是落实长庆油田公司"五个安全"管理要求的重要举措，更是安全事故血的教训换来的宝贵经验。

颁布安全环保禁令是长庆油田公司贯彻"以人为本"理念，切实保障员工生命健康，提升全员安全环保执行力，深化QHSE体系建设的重要举措。为了方便全体干部员工及承包方学习安全环保禁令，更好地理解禁令的内涵和意义，更好地落实执行禁令，我们编写了《长庆油田公司安全环保禁令学习手册》。本书包括安全生产管理十大禁令、安全生产作业十大禁令、生态环境保护十大禁令三个部分，从释义、图标、典型案例三个方面进行解读。

限于编者水平有限，书中难免有不妥之处，敬请读者批评指正。

目 录
CONTENTS

安全生产管理十大禁令

安全生产作业十大禁令

生态环境保护十大禁令

安全生产管理
十大禁令

安全生产管理十大禁令

长庆油田公司严禁以下可能导致安全事故事件的管理行为：

一、在安全条件不具备、隐患未排除或未控制、安全措施不到位的情况下组织生产。

二、超能力、超强度、省程序、降标准组织生产。

三、使用资质和安全保障能力不符的承包商。

四、违规发包、转包、违法分包、挂靠等违法行为。

五、违反程序变更任何技术和组织。

六、关键设备设施超温、超压、超液位运行。

七、擅自拆除和停用安全联锁保护装置。

八、违反规定运输、储存和使用民爆物品、放射源和危险化学品。

九、使用未经安全评估的新工艺、新技术、新材料、新设备。

十、脱岗、睡岗和酒后上岗。

本禁令自发布之日起施行。

员工违反上述禁令，对相关责任人给予警告及以上处分；引发事故事件的，按照事故事件管理规定对责任人予以处理；发生违法违规的事件，按照相关法律法规要求对责任人处理。

2021 年 7 月 17 日

一、在安全条件不具备、隐患未排除或未控制、安全措施不到位的情况下组织生产

（1）不具备的安全条件主要包括：

① 人员方面：

· 主要负责人、安全生产管理人员、操作人员等未经安全生产教育培训或教育培训考核不合格；

· 未按国家法定要求、行业和企业强制规定取得相应安全资格；

· 经医师诊断或鉴定，有妨碍工作的病症或障碍；

· 超出单位明确规定的连续作业时间、作业强度等条件，易导致事故和严重健康不良事件的疲劳作业。

② 物的方面：

· 厂房、作业场所和安全设施、设备、工艺不符合安全生产法律、法规、标准和规程的要求；

•设备设施不健全或带病运行，经评估可能导致事故的；

•仪器仪表监测失效未采取有效措施（如加密人工巡检等）的；

•安全联锁、防护装置应装未装或未投运。

③环境方面：

•环境影响评价、未批先建、未验先投、非法排污或无辐射安全许可证使用放射源射线装置的；

•职业卫生场所检测不达标且不宜组织生产的；

•地质灾害等自然环境评估认为应当停止生产的。

④管理方面：

•未依法取得"安全生产许可证"等国家法定许可的安全生产或道路运输资质；

•安全生产规章制度和操作规程有明显漏洞或短板；

•未依法设置安全生产管理机构，配置专

（兼）职安全生产管理人员；

· 未依法参加工伤保险，为员工缴纳保险费；

· 未按国家、行业或企业标准配备劳动防护用品；

· 作业现场管理混乱且存在未发现或未采取措施防范的重大安全隐患。

（2）未排除或未控制的隐患主要包括：

① 涉及重大危险源并可能造成事故的隐患。

② 涉及Ⅰ类、Ⅱ类油气水管道并可能造成事故的隐患。

③ 涉及原油、净化油、成品油、污水、轻烃等储罐，以及输油泵、加热炉、分离器罐、脱水橇、闪蒸罐、天然气压缩机组、生产环节油气水处理（净化）主要装置、天然气液化装置、轻烃处理装置、甲醇回收装置、溶剂塔、换热设备等油气生产重点设备设施并可能造成事故的隐患。

④ 涉及油气装卸作业场站并可能造成事故

的隐患。

⑤ 涉及"三高"井等高风险油气井，环境敏感区、人员密集区油气井并可能造成事故的隐患。

⑥ 涉及交叉作业过程可能导致群死群伤事故的隐患。

⑦ 涉及危化品拉运和载人车辆并可能造成事故的隐患。

（3）安全措施不到位主要包括：

① 无安全措施。

② 安全措施或管控方案与现场实际脱节或不符。

③ 安全措施现场未组织逐项确认。

④ 动火、进入受限空间等高危作业、非常规作业未纳入作业许可进行管理。

⑤ 未组织落实能量隔离、有毒有害气体检测、物料置换、个人防护装备等措施。

⑥ 跨厂界作业无统一指挥协调、系统调度。

（二）　图标

**在安全条件不具备、隐患未排除或未控制、
安全措施不到位的情况下组织生产**

（三）　典型案例

1. 事故经过 >>>

2016 年 11 月 15 日，某油田一轻烃厂向
一墙之隔的某采油厂联合站 18# 排污井内排放
含烃污水，可燃烃类气体遇注水系统数据采集

PLC 柜电气元件（短路）产生的火源后，注水泵房、加药间、阀组间、清水处理间及排污井陆续发生了多次闪爆、着火。

水处理系统闪爆、着火事故现场

2. 事故原因 >>>

由于可燃气体在注水泵房电缆沟、管沟内聚集，并在室内扩散，且浓度达到爆炸极限，遇注水系统数据采集 PLC 柜电气元件（短路）产生的火源后发生闪爆、着火。工程建设时，未按原工艺设计施工、监理、验收，电力电缆沟、仪表电缆沟与采出水处理工艺管线交叉时"应封不封"，沟沟相通，导致在水处理系统的注水泵房、加药间、阀组间、清水处理间及排污井陆续发生了多次闪爆。

3. 经验教训 >>>

（1）加强工艺安全管理。加大建设项目"三同时"实施、工程设计变更，以及改、扩建项目投产前监督检查工作，确保工艺安全管理的可靠运行。

（2）建立完善管沟、电缆沟、排水沟、污水井定期检查、检测管理细则；建立健全隐蔽工程示意图，对变更情况持续更新。

（3）特别注重隐蔽工程隐患日常巡视管理。把站库原油集输、轻烃、注水系统隐蔽工程，特别是管沟、电缆沟、排水沟、污水井的检查抽查列入检查重点。

（4）定期检查管沟、电缆沟、排水沟、污水井可燃气体、有毒气体含量，做好风险辨识及控制工作，全面提高现场安全风险预控能力。

二、超能力、超强度、省程序、降标准组织生产

释义

（1）超能力主要包括：

① 超资质范围生产。

② 油气场站超库容和设计生产能力运行。

③ 关键设备超压、超温、超载、超负荷运行。

④ 储罐等油、水重要存储设施超液位。

⑤ 设备设施评估不合格仍超期服役。

⑥ 载人车辆超载，危险化学品或污水等槽（罐）车超限运输。

⑦ 安排不具备相应能力和资质的人员从事作业。

（2）超强度主要包括：

① 擅自压缩工期并超出可容忍的施工强度。

② 安排员工连续工作并超过其承受能力。

（3）省程序主要包括：

① 有章不循，凭经验主义组织生产。

② 新建、改建、扩建工程未落实安全设施"三同时"法定要求。

③ 用于生产、储存、装卸危险物品等的特殊建设项目未经国家规定进行安全评价。

④ 未经工艺危害分析进行设计和组织施工。

⑤ 未经变更评估擅自减少、停用工艺流程。

⑥ 作业现场随意减少确认环节、步骤和程序。

（4）降标准主要包括：

① 低于标准、规范组织设计。

② 擅自降低设计工艺要求、参数指标等进行生产建设。

③ 低于国家法律法规、标准规范和中国石油天然气集团有限公司、长庆油田公司规章制度规定进行生产组织与管理。

（二）　图标

超能力、超强度、省程序、降标准组织生产

（三）　典型案例

1. 事故经过 >>>

2016年11月24日，某发电厂三期扩建工程发生冷却塔施工平台坍塌特别重大事故，造成73人死亡、2人受伤，直接经济损失上亿元。

周边一圈三层模架（模板和悬挂式脚手架）已施工至76.7m高

平桥

冷却塔施工模拟图

第50节～第52节筒壁及模架从此处沿圆周方向向两侧连续倾塌坠落

坍塌平桥

冷却塔施工平台坍塌事故现场

2. 事故原因 >>>

施工单位为完成业主压缩工期目标，施工进度加快，导致拆模前混凝土养护时间减少，在混凝土强度不足的情况下违规拆除模板，致使筒壁混凝土失去模板支护，不足以承受上部载荷开始坍塌，筒壁混凝土和模架体系倾塌坠落，导致平桥整体倒塌。

3. 经验教训 >>>

（1）强化工程建设管理。认真执行工程定额工期，严禁在未经科学评估和论证的情况下压缩工期。严格按照法规标准、图纸和施工方案施工。

（2）强化施工隐患排查。结合工程建设特点，全方位、全过程辨识施工工艺、设备设施、现场环境、人员行为等方面存在的安全风险，分级、分层、分类、分专业进行有效管控。

三、使用资质和安全保障能力不符的承包商

（一）　释义

（1）资质不符主要包括：

① 超出承包商行政许可资质范围授标或委托项目。

② 超出承包商行政许可资质范围承揽项目或提供服务。

③ 按法定要求应取未取"安全生产许可证"。

④ 按中国石油天然气集团有限公司、长庆油田公司要求应取未取市场准入或市场许可资质。

⑤ 委托不具有行业或专业特殊要求资质的单位承揽锅炉、压力容器、管道、特种设备、电力设备设施安装、维修服务。

⑥ 承包商施工项目现场主要负责人、分管安全生产负责人、安全管理人员等关键岗位人员未按规定参加资格培训并考核合格。

⑦ 承包商相关人员应持未持井控证、硫化氢证、特种作业人员资格证。

⑧ 设备设施未依法检测检验且未取得鉴定合格证书。

（2）安全保障能力不符主要包括：

① 未依法进行安全投入。

② 安全生产施工保护费用使用不当或挪作他用。

③ 防喷器等井控装置存在严重缺陷。

④ 未配置安全防护设施、装备或功能失效。

⑤ 未制订应急预案（应急措施）且未演练，未按规定配置应急物资或应急物资失效。

使用资质和安全保障能力不符的承包商

（三）　典型案例

1. 事故经过 >>>

2016 年 7 月 13 日，在井场作业的某钻井队（某钻探公司分包商）工人发现钻井液池塌方（约 2～3m³ 土方量），安排人员修补。钻井液池北侧的土崖滑坡，造成下方正在铺设钻井液池防渗布的 4 名人员被埋，造成 3 人死亡、1 人轻伤。

滑坡事故现场

2. 事故原因 >>>

该钻井队现场管理混乱，违法违规施工，无视安全风险。在无施工审批手续的情况下，盲目追赶工程进度；不按设计图纸施工，形成超高陡坡；该钻探公司对分包队伍管而不严；建设方和监督方监管与监督责任落实不到位。安全关卡层层失控，隐患未得到及时整治。该井场所处地形土质疏松，滑坡地段上部有厚约2m的土体处于松散状态，钻井液池布置在边坡下形成叠加效应，事发前多日连续降雨，增加了土壤水分饱和度，诱发了滑坡事故。

3. 经验教训 >>>

（1）压紧压实承包商监管责任。按照"谁选用、谁负责""谁发包、谁监管""谁使用、谁管理"原则，强化直线部门、建设单位、属地单位、承包商、现场监督五级责任落实，做到承包商管控"无盲区、无死角"。对承包商事故严格实行"一事双责、一事双查、一事双免"，严肃追责问责，切实推动承包商各级管理方履职尽责。

（2）严格承包商全过程监管。严格安全资质审查、施工前安全准入评估，严把承包商准入关口，严格开工条件验收，严格施工作业全过程监督，以"三个一批""四不两直"为抓手，加强承包商安全专项检查，及时发现、督促整改隐患问题。实施内、外部承包商统一监管，严格开展 QHSE 绩效评估，对不合格承包商坚决"零容忍"，纳入黑名单，倒逼承包商安全管理水平提升。

四、违规发包、转包，违法分包、挂靠等违法行为

（一） 释义

（1）将生产经营项目、场所、设备发包、转包、分包或出租给不具备安全条件或者相应资质的单位或个人。

（2）没有资质的单位或个人借用资质承揽工程。

（3）有资质的施工单位相互借用资质承揽工程，包括资质等级低的借用资质等级高的，资质等级高的借用资质等级低的，相同资质等级相互借用的。

（二）　图标

违规发包、转包，违法分包、挂靠等违法行为

（三）　典型案例

1. 事故经过 >>>

2014年8月11日，某钻探公司钻井队在某油田采油厂井场完钻固井前循环过程发生油气着火事故，井架烧毁、钻具报废及部分设施损毁，直接经济损失约300万元。

井场油气着火事故现场

2. 事故原因 >>>

该钻探公司使用无资质的民营钻井队冒牌借用正规钻井队从事钻井作业。民营钻井队管理混乱，人员素质低下，缺乏工作经验，钻井液循环不充分导致溢流，油气混合物高速喷出，在高压软管出口处爆燃，引燃排污池表面的油气混合物，并燃烧至井口，导致井架坍塌损毁。

3. 经验教训 >>>

（1）高度重视井控安全工作。特别要加强水平井、甩开区域探井等特殊工艺井井控安全管理，尤其对前期发生过油气侵、溢流的井要加大跟踪力度，不能有丝毫的麻痹大意和松懈。

（2）加强施工队伍动态管理，严格资质管理与考核。队长、副队长、技术人员等关键岗位人员必须达到队伍资质管理要求，要开展关键岗位人员能力评估，达不到要求的停工整改，确保关键岗位人员懂专业、懂井控、懂技术。同时，抓好施工队伍日常应急演练和抢险能力培训。

（3）加强工程监督管理。严格监督选定标准，强化日常培训，切实提升监督业务能力，真正发挥监督作用。严把开钻前验收关，重点井、重点环节驻井监督关，钻井二开试压和打开油气层验收关，督促现场井控措施落实，确保井控安全万无一失。

五、违反程序变更任何技术和组织

（一）　释义

（1）私自改变设计、施工、工艺、技术和管理方案。

（2）擅自停用、改变工艺流程。

（3）未经风险评估改变生产作业环境。

（4）随意变更安全生产组织（改变倒休模式、劳动组织机构与模式、人员配备标准等）。

（5）未经岗位履职能力评估，调整、变更岗位人员。

（二）　图标

违反程序变更任何技术和组织

（三）　典型案例

1. 事故经过 >>>

2018 年 5 月 12 日，在 A 公司公用工程罐区位置，B 工程建设公司的作业人员在对苯罐进行检维修作业过程中，因苯罐发生闪爆，造成在该苯罐内进行浮盘拆除作业的 6 名作业人员当场死亡。

生产现场

2. 事故原因 >>>

内浮顶储罐的浮盘铝合金浮箱组件有内漏积液（苯），在拆除浮箱过程中，浮箱内的苯外泄在储罐底板上且未被及时清理。由于苯易挥发且储罐内封闭环境无有效通风，易燃的苯蒸气与空气混合形成爆炸环境，局部浓度达到爆炸极限。

A公司在作业内容发生重大变化，施工方案未做相应修订的情况下仍安排承包商实施浮盘拆除工作。B公司得知作业内容发生重大变化后，在施工方案未变更及未落实随身携带气体检测仪的情况下安排作业人员进入罐内受限空间。作业人员拆除浮箱过程中，使用的非防爆工具及作业过程可能产生的点火能量，遇混合气体发生爆燃，燃烧产生的高温又将其他铝合金浮箱熔融，使浮箱内积存的苯外泄造成短时间持续燃烧。

3. 经验教训 >>>

（1）严格变更管理。对施工过程中发生的变化，要严格执行变更管理制度，对发生的变更情况要进行危险性分析，分析可能发生的事故，制订相应的安全措施，并对所有作业人员进行安全教育。

（2）严格危险作业管控。加强临时用电、动火作业、进入受限空间作业等危险性较大作业的作业票签发管理工作，严查违规违章作业，督促作业前安全防护措施的落实，确保作业过程安全、可控。

六、关键设备设施超温、超压、超液位运行

（一）　释义

（1）油气田采出水及生产污水等储罐，以及输油泵、加热炉、分离器罐、脱水橇、闪蒸罐、天然气压缩机组、生产环节油气水处理（净化）主要装置、天然气液化装置、轻烃处理装置、甲醇回收装置、溶剂塔、换热设备等油气生产重点设备设施超过设定或规定的安全限值运行。

（2）Ⅰ类、Ⅱ类油气水管道超过设定或规定的安全限值运行。

（二）　图标

关键设备设施超温、超压、超液位运行

（三）　典型案例

1. 事故经过 >>>

2005年11月13日，某石化公司双苯厂苯胺二车间化工二班班长徐某替休假的硝基苯精馏岗，向硝基苯初馏塔两次进料过程中违章操作导致装置区域火灾爆炸，造成8人死亡、1人重伤、59人轻伤，直接经济损失近七千万元。

装置区域火灾爆炸事故现场

2. 事故原因 >>>

徐某在排残液过程中，错误停止了进料，在停料时又未关闭预热器加热蒸汽阀，造成长时间超温；系统恢复进料时，再一次出现误操作，又先开进料预热器的加热蒸汽阀，后进料，使进料预热器温度再次出现升温。由于温度急剧变化产生应力，造成预热器及进料管线法兰松动泄漏，空气被吸入到系统内，与塔内可燃气体形成爆炸性气体混合物，并发生爆炸。

3. 经验教训 >>>

（1）加强一线操作人员培训，提高员工操作技术水平。

（2）组织开展装置的安全评价，为安全生产提供依据。

（3）健全完善工艺操作规程，规范员工的操作行为。

（4）加大安全生产监督管理力度，健全完善"四全"机制。

七、擅自拆除和停用安全联锁保护装置

（1）关闭、破坏直接关系到生产安全的监控、报警、防护、救生设备设施等安全监控和联锁保护装置。

（2）随意修改或篡改、隐瞒、销毁安全监控和联锁保护装置数据、信息。

（二）　图标

擅自拆除和停用安全联锁保护装置

（三） 典型案例

1. 事故经过 >>>

2014 年 2 月 28 日 5 时 57 分，某油田采油厂第二作业区机关食堂爆炸，造成 1 人当场死亡，2 人送医院抢救无效死亡。

作业区机关食堂爆炸事故现场

2. 事故原因 >>>

作业区未经设计审验和安全风险评估，擅自更改管线走向和管径，未经调压阀直接跨接至室外截止阀前管线。未对联锁保护系统的电磁阀切断功能和阀门内漏情况进行检测。天然气泄漏后在操作间和与其相连通的空间内达到爆炸浓度，遇使用电器或其他原因产生的火花发生剧烈爆炸。

3. 经验教训 >>>

（1）切实保障安全联锁保护装置可靠。加强定期检查维护保养、功能动作测试，确保安全可靠运行。

（2）切实加强天然气管线密封性检查。定期对天然气管线、连接软管等部件的密封性进行检查确认。

（3）合理设置气体报警装置检测设施，确保报警状况及时发现并妥善处置。

八、违反规定运输、储存和使用民爆物品、放射源和危险化学品

（一） 释义

（1）单位不具备运输、储存和使用资质。

（2）从业人员不清楚民爆物品、放射源和危险化学品的性质、危害特性、包装容器的使用特性及发生意外时的应急措施。

（3）混存混放，超限超量存放。

（4）未配备必要的应急处理器材和防护用品。

（二）　图标

**违反规定运输、储存和使用民爆物品、放射源和
危险化学品**

（三）　典型案例

1. 事故经过 >>>

2019 年 3 月 21 日，某生态化工园区一公司发生特别重大爆炸事故，造成 78 人死亡、76人重伤、640 人住院治疗，直接经济损失 19.86亿元。

生态化工园区某公司特别重大爆炸事故现场

2. 事故原因 >>>

　　该公司旧固废库内长期违法贮存的硝化废料（属固体危险废物，约 600 吨袋，最长贮存时间超过了 7 年）持续积热升温导致自燃，燃烧引发硝化废料爆炸。

3. 经验教训 >>>

（1）严格落实安全责任。习近平总书记强调："发展决不能以牺牲安全为代价，这必须作为一条不可逾越的红线"。落实安全责任制是实现本质安全的必经途径，只有安全生产责任制真正全面落地，才能有效防范和化解事故风险。

（2）强化危险废物监管。依法合规对废弃危险化学品等危险废物收集、贮存、处置等进行监督管理，严禁违规堆存、随意倾倒、私自填埋等行为。合理规划建设危险废物集中处置设施。对于脱硫、煤改气、污水处理等设施和项目要进行安全环保评估，消除事故隐患。

九、使用未经安全评估的新工艺、新技术、新材料、新设备

（一）　释义

（1）使用前未经安全评估。

（2）评估结果认为存在较大及以上安全风险，或不宜、不建议使用。

（3）不了解、不掌握安全技术特性。

（4）未采取有效的安全防护措施。

（5）使用前未对作业人员进行专门的安全生产教育和培训。

使用未经安全评估的新工艺、新技术、
新材料、新设备

（三）　典型案例

1. 事故经过 >>>

2010年7月16日18时左右，某有限公司下属
的储运公司同意某燃料油公司委托A公司使用
B公司生产的含有强氧化剂过氧化氢的"脱硫

化氢剂"，违规在原油库输油管道上进行加注"脱硫化氢剂"作业引发火灾和原油泄漏。事故造成作业人员1人轻伤、1人失踪，附近海域至少50km²的海面被原油污染。

火灾和原油泄漏事故现场

2. 事故原因 >>>

某有限公司下属的储运公司同意某燃料油公司委托 A 公司使用 B 公司生产的含有强氧化剂过氧化氢的"脱硫化氢剂"，违规在原油库输油管道上进行加注"脱硫化氢剂"作业，并在油轮停止卸油的情况下继续加注，造成"脱硫化氢剂"在输油管道内局部富集，发生强氧化反应，导致输油管道发生爆炸，引发火灾和原油泄漏。

3. 经验教训 >>>

（1）切实落实发包单位、承包单位、合作单位各自的安全生产主体责任，严格落实承包商准入核查，强化安全基础管理和重大风险防控。

（2）在引进和使用新技术、新工艺、新设备、新材料前，要对其安全性能充分论证，彻底掌握其理化特性和安全技术特性，全面辨识新技术、新工艺、新设备、新材料安全风险，采取有效措施管控新风险和新危害。

（3）凡存在重大技术缺陷、重大管控措施缺陷及不能绝对保证人身和设备安全的技术、工艺、设备、材料，一律不得盲目投入使用。

（4）定期检查新技术、新工艺、新设备、

新材料运行使用状况和生产作业环境，确保安全防护装置完好有效。

（5）加强对使用新技术、新工艺、新设备、新材料的从业人员岗位安全操作技能和安全操作规程教育培训，未经教育培训和考核合格，不得擅自安排其上岗作业。

十、脱岗、睡岗和酒后上岗

（1）脱岗主要包括：

① 行为脱岗，即岗位人员擅自脱离职责范围内的岗位区域空间。

② 精神脱岗，即虽然在岗位区域空间内，却由于其他原因使得注意力脱离了岗位职责范围，或做与岗位职责无关的事情，造成岗位值守不利的情形。

（2）睡岗主要包括：

① 工作时间处于睡眠状态。

② 主观意识处于不清醒、有影响或不能够进行正常的岗位操作和判断的行为。

（3）酒后上岗主要包括：上岗之前或在岗位上饮酒，宿醉上岗。

（二） 图标

脱岗、睡岗和酒后上岗

（三） 典型案例

1. 事故经过 >>>

2004 年 4 月，某公司钢板仓大豆保管员沈某，在上零点班时酒后上岗，被地面的散豆滑倒，身体失去控制后卷入皮带秤，被皮带秤传感器插入胸部，当场死亡。

2. 事故原因 >>>

违反劳动纪律，酒后夜班上岗并从事夜间机械操作危险岗位。安全生产管理制度未落实。

3. 经验教训 >>>

强化员工岗前及日常安全教育，并加强监督检查，杜绝脱岗、睡岗和酒后上岗。

安全生产作业
十大禁令

安全生产作业十大禁令

长庆油田公司严禁以下可能导致安全事故事件的作业行为：

一、不具备资格和能力的人员上岗作业，有职业禁忌的人员从事禁忌作业。

二、未正确使用防护装备或劳动保护不齐全时作业。

三、未执行作业许可规定进行高风险和非常规作业。

四、实施未有效能量隔离的作业。

五、未检测检查进入受限空间或其他风险未知场所。

六、未评估地下风险进行挖掘作业。

七、未充分沟通和检查确认进行交叉作业。

八、在火灾爆炸危险场所吸烟、使用非防爆工具。

九、使用易燃易挥发溶剂物擦洗设备、衣物及地面。

十、酒后驾驶和超速行驶。

本禁令自发布之日起施行。

员工违反上述禁令，对相关责任人给予警告及以上处分；引发事故事件的，按照事故事件管理规定对责任人予以处理；发生违法违规的事件，按照相关法律法规要求对责任人处理。

2021 年 7 月 17 日

一、不具备资格和能力的人员上岗作业，有职业禁忌的人员从事禁忌作业

（一） 释义

（1）从事特种作业、特种设备作业的人员未取得有效资质。

特种作业范围以国家应急管理部最新发布的《特种作业目录》（2020年）为准，特种设备作业范围以国家质检总局最新发布的《特种设备作业人员目录》（2021年）为准。

（2）不具备其能力擅自上岗作业。

（3）依据《职业禁忌证界定导则》（GBZ/T 260—2014），经界定为职业禁忌证的人员从事接触特定职业病危害因素作业。

不具备资格和能力的人员上岗作业，
有职业禁忌的人员从事禁忌作业

（三）　典型案例

1. 事故经过 >>>

2004 年 10 月 27 日，某石油化工厂为恢复因故障停产的硫黄装置，气焊工在 V402 原料水罐罐顶排气线 0.8m 处动火切割约一半时，

V402 罐发生爆炸着火，导致 2 人当场死亡、5 人失踪。

原料水罐爆炸着火事故现场

2. 事故原因 >>>

V402 原料水罐内的爆炸性混合气体，从与 V402 罐相连接的管线根部焊缝，或 V402 罐壁与罐顶连接焊缝开裂处泄漏，遇到在 V402 罐上气割管线作业的明火或飞溅的熔渣引起爆炸。违反特种作业人员管理规定，气焊工无证上岗。动火人员未在火票相应栏中签字确认，而由施工人员代签。在动火点未进行有毒有害及易燃易爆气体采样分析、动火作业措施还未落实的情况下，就进行动火作业，监管责任未落实。

3. 经验教训 >>>

（1）必须以严格的管理贯穿全过程、落实到全方位，保证安全监管执行有效。认真落实"安全思想要严肃、安全管理要严格、安全制度要严谨、安全组织要严密、安全纪律要严明"的"五严"要求，真正把安全工作做严、做实、做细、做好。

（2）必须在细节上夯实"三基"工作，为本质安全打牢坚实的基础。安全生产工作的出发点在基层，落脚点在现场，必须从细微之处入手，把"强三基、反三违"落实到实际行动中。必须强化基本素质培训，解决不知不会、无知无畏的问题；必须在基层的细节和小事上严格监督管理，解决心存侥幸、习惯违章的问题；必须严格规范工艺技术规程和操作规程，解决粗心大意、操作失误的问题。

二、未正确使用防护装备或
劳动保护不齐全时作业

（一）　释义

（1）使用防护装备或劳动保护用品与现场作业环境不符。

（2）工作服、工作鞋、工作帽、工作手套、护眼器等个人劳动保护用品未按规定穿戴齐全和正确。

（3）错误使用或使用失效的气体检测仪器、空气呼吸器、安全带、安全绳等防护工器具。

（4）作业现场护栏、护罩等防护设施缺失或使用位置不当。

未正确使用防护装备或劳动保护不齐全时作业

（三） 典型案例

1. 事故经过 >>>

2005 年 3 月 30 日，某石油勘探局井下技术作业处试油队在某井高能气体压裂后做抽汲准备过程中发现井口有溢流，按照作业规程要将井口溢流引入计量罐内，副司钻王某发现导流水龙带有些振动后，关闭井口阀门，从罐口进入罐内，用铁丝固定水龙带时昏迷在罐内，试油工马某和副队长慕某先后进入罐内救人，也晕倒在罐内，3人经抢救无效死亡。

发生中毒事故的计量罐及罐口

2. 事故原因 >>>

现场作业和施救人员在未对罐内进行安全检测、未佩戴安全防护用具的情况下违章、盲目入罐，罐内存在的较高浓度的 CO 气体导致 3 人中毒死亡。

3. 经验教训 >>>

（1）安全及防护措施关乎生命健康。生产与建设过程要将安全摆在首位，必须严格落实人身防护和各项安全措施，确保在安全情况下作业。

（2）检测与防护装备应符合现场实际。结合生产作业现场危害因素和风险特点，科学选择正确的检测与防护装备并加强定期检验，确保有效使用。

（3）应急救援能力建设不可视同儿戏。建立健全应急预案，强化实战演练，提升突发状况下人员应急处置能力。

三、未执行作业许可规定进行高风险和非常规作业

（一） 释义

（1）动火、高处、挖掘、进入受限空间、吊装、临时用电、管线打开等高风险作业和非常规作业未办理作业许可。

（2）未结合作业实际开展工作前安全分析，识别的风险和辨识的危害因素与现场作业严重不符。

（3）未经对作业方案、作业程序、工艺流程、作业风险和管控措施等交底和培训私自作业。

（4）安全措施未经现场逐一复核并确认的情况下，签发作业许可证。

（5）作业许可证代签代批。

（6）未按规定落实过程安全检测和监督，应现场监督的作业相关方监督人员擅离职守、失职失责。

（7）未制订有效的应急预案或应急处置措

施并开展演练的情况下实施高风险作业和非常规作业。

（8）作业完毕未经确认，擅自解除安全防护措施。

（9）其他因未执行作业许可规定可能导致事故的情形。

| （二） | 图标 |

未执行作业许可规定进行高风险和非常规作业

（三）　典型案例

1. 事故经过 >>>

2003 年 6 月 4 日，某建工二分公司组织对某油田采气厂集气站扩建项目施工中的问题进行整改。现场交底后，施工人员按要求打开收球筒与站内相连的 5 个阀门上游法兰，并用黑色胶皮隔离，生产单位人员对动火点可燃气体浓度检测合格后允许施工单位开始动火，作业过程中收球筒处着火，造成站内临近区域发生火灾事故。

2. 事故原因 >>>

施工单位在未按程序办理动火作业许可，生产单位未制止的情况下违章实施动火，现场动火安全措施落实不全；施工人员在动火作业过程中误踩收球筒与干线相连快开球阀阀杆引起天然气泄漏，遇焊接明火发生火灾。

火灾事故现场

3. 经验教训 >>>

（1）严格执行作业许可程序。危险作业、非常规作业必须落实作业许可管理规定，在全面识别风险、现场落实管控措施的情况下方可作业，严禁无票证从事高风险作业。

（2）充分发挥现场监督责任。生产单位、监督单位要加强现场高风险作业前检查，逐项复核确保安全措施落实到位。做好作业过程监督，及时制止违章行为，严防事故发生。

四、实施未有效能量隔离的作业

（一）　释义

（1）作业前未进行能量源识别。

（2）作业前未对可能意外释放的机械能（移动和转动设备）、热能（机械或设备、化学反应）、势能（压力、弹簧力、重力）、化学能（毒性、腐蚀性、可燃性）、电能及辐射能等能量提前实施隔离。

（3）未按方案进行物料置换、能量隔离，采用阀门关断或法兰间夹带非承压面板替代专用盲板、封堵堵头进行隔离。

（4）使用未经可靠性检查确认或不合格的盲板、锁具等隔离工具、器材、设施和装置。

（5）能量隔离点（位）未有效盲堵。

（6）作业前未对已隔离点（位）测试或检测并逐一确认隔离的有效性。

（7）未对能量隔离点（位）上锁（锁死）、挂签。

（二） 图标

实施未有效能量隔离的作业

（三） 典型案例

1. 事故经过 >>>

2014 年 12 月 12 日，某油田采油厂新建输油管线试压过程中，压缩空气窜入在用管线并进入转油站内的缓冲罐。清扫孔附近发生刺漏，产生静电，静电放电引燃罐内可燃性混合气体，导致缓冲罐爆炸，造成 2 人死亡。

缓冲罐爆炸事故现场

2. 事故原因 >>>

试压管线与在用管线之间的截止阀严重内漏，压缩空气通过截止阀窜入在用管线并进入缓冲罐，导致罐内压力持续升高。随着缓冲罐内部压力不断升高，罐内油水混合物被压缩空气沿出口管线挤出，导致罐内上部空间形成了可燃混合气体。缓冲罐内壁氧腐蚀严重，在缓冲罐侧下方（清扫口附近）腐蚀严重部位发生刺漏，罐内压缩气体刺漏过程中产生静电，引爆罐内混合气体。

3. 经验教训 >>>

（1）试压作业应纳入非常规作业管理。试压作业属于高风险作业，应安排有工作经验的人员作业，并强化方案编制、现场确认、指令传达、现场作业等环节管控，严格执行作业许可管理。

（2）能量隔离应严格落实措施要求。作业前要强化能量源识别，针对可能意外释放的能量制订切实可靠的防范措施，作业前组织置换、能量隔离，不得采用阀门关断或法兰间夹带非承压面板替代专用盲板、封堵堵头进行隔离，并做好上锁挂签等安全措施。

五、未检测检查进入受限空间或其他风险未知场所

（一） 释义

（1）仅凭经验或主观判断进入受限空间或其他风险未知场所。

（2）未结合风险特点选择正确的检测工具、仪器，未按规定频次、位置进行检测，未取全、取准介质参数。

（3）使用已损坏或不准的检测工具、仪器进行入前检测。

（4）检测结果不合格情况下进入受限空间或其他风险未知场所。

（5）未按要求检查并穿戴防护装备进入受限空间或其他风险未知场所。

（6）未对安全措施落实情况检查并确认安全的情况下进入受限空间或其他风险未知场所。

（7）未经监督监护人员同意进入受限空间或其他风险未知场所。

（二）　图标

未检测检查进入受限空间或其他风险未知场所

（三）　典型案例

1. 事故经过 >>>

2006年7月27日，某油田采油厂在对配水间至两口注水井污水管线解堵作业过程中，发生硫化氢气体中毒，造成3人死亡、4人轻度中毒。

中毒水井房事故现场

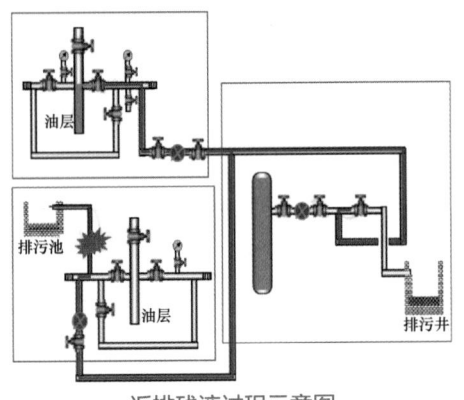

返排残液过程示意图

2. 事故原因 >>>

清洗方案编制与审查把关不严，未考虑并识别管线内的结垢物和所用清洗剂之间化学反应导致的硫化氢中毒风险。现场放空时连接在压力表接头处的橡胶软管受压脱落，管线内反应产生的硫化氢失控外泄，迅速在水井房内高浓度聚集。由于未将水井房作为受限空间对待，人员没有进行气体检测，仅用湿毛巾捂住口鼻进入水井房内倒换流程，导致中毒死亡。其他人员未采取有效的防护措施，盲目进入水井房内施救，相继中毒，导致伤亡增加。

3. 经验教训 >>>

（1）风险识别与防范是前提。任何作业前应借助工艺危害分析、工作前安全分析等工具方法，准确识别可能存在的风险，提升本质安全的同时制订针对性的防范措施。

（2）入前检测与监测是保障。进入受限空间或风险未知场所前应采用相应检测监测仪器或工具进行测试，符合安全的前提下佩戴合格的防护用品才可进入。

（3）正确的应急施救是关键。熟练掌握应急救援知识和技能，立足实战定期开展应急演练，确保应急状态下处置动作不乱。

六、未评估地下风险进行挖掘作业

（一）　释义

（1）未查阅地下管沟管网、电气线缆等建构（筑）物资料盲目进行挖掘作业。

（2）未对计划挖掘区域进行现场实地勘察、地下环境探测等作业前准备工作。

（3）经评估认为不具备安全施工条件仍强行进行挖掘作业。

（4）挖掘机械和人员处于易坍塌、塌陷区域作业。

（二）　图标

未评估地下风险进行挖掘作业

（三）　典型案例

1. 事故经过 >>>

2013 年 11 月 22 日，某石化管道储运分公司输油管道泄漏原油进入市政排水暗渠，在形成密闭空间的暗渠内油气积聚，遇火花发生爆炸，造成 62 人死亡、136 人受伤，直接经济损失 75172 万元。

排水暗渠内油气爆炸事故现场

2. 事故原因 >>>

输油管道与排水暗渠交汇处管道腐蚀减薄导致管道破裂、原油泄漏，原油流入排水暗渠并反冲到路面。原油泄漏后，现场处置人员采用液压破碎锤在暗渠盖板上打孔破碎，产生撞击火花，引发暗渠内油气爆炸。

3. 经验教训 >>>

（1）加强油气管道巡护。健全并有效运行油气管道巡护制度，强化巡线人员责任意识和专业知识教育培训。

（2）做好周边施工监管。加强与周边基建开挖等外部施工方安全交底，明确防护要求和措施。跟踪施工进度并做好油气管线管道周边施工安全监控，督促施工方严格落实《中华人民共和国石油天然气管道保护法》。

（3）畅通信息沟通机制。与相关方建立沟通机制，及时沟通、商议、研究并解决影响管线安全运行的施工问题。

七、未充分沟通和检查确认进行交叉作业

（1）未制订总体交叉作业方案、程序。

（2）交叉作业相关方未相互签订安全协议。

（3）未明确交叉作业现场负责人。

（4）交叉作业相关方之间未对作业过程风险进行有效沟通。

（5）相关方工作责任、作业界面不清的情况下进行交叉作业。

（6）未经相关方共同进行安全措施落实情况检查、复核、确认的情况下一方擅自启动作业。

（7）作业方风险变化后未及时告知交叉作业相关方。

（二） 图标

未充分沟通和检查确认进行交叉作业

（三） 典型案例

1. 事故经过 >>>

2020 年 3 月 23 日，某石油天然气建设公司在天然气处理总厂集配气区围墙外直线距离 61m 的施工点处进行管段试压作业过程中，发生物体打击事故，造成 2 人死亡、4 人受伤。

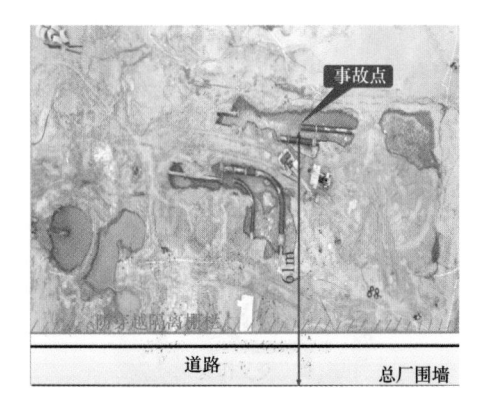

物体打击事故现场示意图

临时挡水板安装位置

2. 事故原因 >>>

连接试压与非试压管段的管线上的重要阀门在试压管段试压或保压期间未关闭到位，高压气体窜入非试压密闭管段，导致非试压管段一端安装的临时挡水板在内部高压气体的作用下爆裂，临时挡水板和压缩空气气流高速飞出，打击并造成通道上人员伤亡。

3. 经验教训 >>>

（1）严格交叉作业风险管控。同一施工区域存在两个及以上施工单位，且施工内容有交叉或上下工序衔接时，严格执行工作交接要求，加强对双方作业现场工作内容及现场安全风险的识别和确认。

（2）严格施工作业方案管理。危险较大的作业要坚决落实单项方案编制、审批要求，不能以整体方案替代单项方案。

（3）严格现场施工过程监督。加强作业方

案审查与报批管理，现场作业内容确认及风险识别，作业条件不安全不施工，风险交代不清不作业。

八、在火灾爆炸危险场所吸烟、使用非防爆工具

（一）　释义

（1）在严禁烟火的油气等生产场所和距离油气场所安全距离不足或可燃气体沉积不易扩散的生活场所和其他区域吸烟、违规使用明火。

（2）油气场所作业过程违规使用非防爆工器具。

（3）携带非防爆电子设备（如手机等）进入火灾爆炸危险区域或场所。

（4）车辆未配装有效的防火罩等阻火器进入油气场所。

（二）　图标

在火灾爆炸危险场所吸烟、使用非防爆工具

（三）　典型案例

1. 事故经过 >>>

2017 年 7 月 11 日，某技术服务有限公司措施队在某油田采油厂井场进行压裂引效措施，抽汲完毕准备起压裂管柱时发生火灾事故，造成施工队1人死亡、4人受伤，修井车及井场部分设施设备不同程度受损。

火灾事故现场

2. 事故原因 >>>

措施队在进行措施作业时，井口油伴生气（石油气）溢出，与空气混合形成可燃物，迅速导致井口附近一定范围内可燃气体达到闪燃限值，在井口实施关井作业中使用非防爆工具，碰撞产生火花，导致着火并引发火灾。

3. 经验教训 >>>

（1）提升作业人员安全技能。加强对作业人员安全教育培训，提高安全意识，提升岗位风险辨识能力和操作水平。

（2）严守操作纪律必须一以贯之。健全完善各类安全生产规章制度和操作规程并严格执行，坚决做到"只有规定动作，没有自选动作"。

（3）监督责任心和能力至关重要。加强日常监督能力培训，定期组织对监督人员进行履职能力评估或考核，对于不符合要求的监督人员坚决清退。

九、使用易燃易挥发溶剂物
擦洗设备、衣物及地面

（一）　释义

（1）违规使用含汽油、酒精、凝析油等易燃易挥发溶剂擦洗设备设施、地面。

（2）违规使用凝析油等易燃易挥发溶剂手洗或机洗衣物。

（二）　图标

使用易燃易挥发溶剂物擦洗设备、衣物及地面

（三） 典型案例

1. 事故经过 >>>

2020 年 1 月 12 日，某油田采油厂卸油台业务外包员工在宿舍内使用汽油洗衣物后吸烟时发生闪燃，引发宿舍着火，造成室内 3 人不同程度烧伤。

着火事故现场

2. 事故原因 >>>

洗涤衣物过程中汽油不断挥发，在室内聚集并形成混合性可燃气体，达到爆炸极限，遇到打火机点烟瞬间迅速闪燃，导致室内发生火灾。

3. 经验教训 >>>

（1）规范汽油、凝析油管理。完善汽油、伴生气管网和凝析油管理制度，凝析油实施专人排放、定点回收管理，严格执行"凝析油排放标准作业卡"，落实双人排放（一人操作，一人监护）管理要求，严防私存、私用凝析油行为。

（2）规范油品存放管理。对员工、司驾人员进行安全教育，杜绝司驾人员在宿舍内存放汽油、柴油、凝析油等易燃物品，严禁用汽油、凝析油擦洗衣物。

（3）规范化学药品管理。完善化学药品使

用管理规定和操作规程，严格清蜡剂等化学药品的领取、发放、使用，加强干部跟班监督，严防清蜡剂等化学药品流失，严禁使用清蜡剂清洗衣物、拖洗地板。

十、酒后驾驶和超速行驶

（一）　释义

（1）不得饮酒、醉酒驾驶汽车、摩托车及轮式专用机械车等机动车辆。

饮酒驾车是指车辆驾驶人员血液中的酒精含量大于或等于 20mg/100mL、小于 80mg/100mL 的驾驶行为。

醉酒驾车是指车辆驾驶人员血液中的酒精含量大于或等于 80mg/100mL 的驾驶行为。

（2）超速行驶是指驾驶机动车辆在道路上行驶超过本路段、本单位规定的时速。

（二）　图标

酒后驾驶和超速行驶

（三）　典型案例

1. 事故经过 >>>

2001 年 8 月 18 日，某石油管理局运输大队驾驶员王某驾驶大货车到钻井队送料，行至某村庄一 Y 形路口处，越过路口正常行驶，驾驶员张某驾驶一辆小客车斜穿马路，与王某驾驶的大货车相遇，王某紧急制动避险，制动距离11m。张某未采取任何措施，车前部与大货车左侧前部猛烈相撞，造成大货车前部横向位移1.3m，小客车内的6人中3人当场死亡、3人抢救无效死亡。

违规驾驶车祸事故现场

2.事故原因

驾驶员张某违反了《中华人民共和国道路交通安全法》中"饮酒、服用国家管制的精神药品或者麻醉药品，不得驾驶机动车"的规定，醉酒驾车且以超过规定的交叉路口最大时速（20km/h）的速度（80km/h），在未避让干路上的大货车的情况下强行通过。

3. 经验教训

（1）司乘人员安全教育应常抓不懈。坚持《中华人民共和国道路交通安全法》、中国石油天然气集团有限公司和长庆油田公司交通安全培训教育，养成安全驾乘车辆的良好习惯，杜绝酒后、超速、疲劳驾驶行为。

（2）严格驾驶员准入安全审核把关。加强驾驶员准入过程资质、能力和安全应急避险与处置等能力审核与评估，严把聘用、选用关。

（3）坚持检查并保持车辆本质安全。做好车辆定期回场（厂）检查和日常维护。出车前进行车辆检查，严禁车辆带病外出执行工作任务。

生态环境保护

十大禁令

生态环境保护十大禁令

长庆油田公司严禁以下可能导致环境事件的行为：

一、建设项目越红线开发和环境保护、水土保持未批先建、未验先投与批建不符。

二、污染物超类、超标、超量和无证排放。

三、非法倾倒、掩埋固体废物；危险废物与一般固废混存混放及油泥超期超量贮存。

四、将固废、废液交给无资质、无处理设施的服务商处置。

五、天然气、油井伴生气不点火直排及原油、天然气凝液、液化石油气、废水等储存设施敞口运行。

六、利用暗管、暗洞、渗井、渗坑等偷排乱排工业废水、生活污水。

七、无有效环保措施（设施）开展施工作业。

八、未经许可随意挖掘、随意扩大作业面积造成植被破坏、水土流失。

九、擅自拆除、停用污染防治设施、环境监测设施，以及篡改、伪造环境监测数据。

十、使用不符合环境保护规定的技术、设备、材料和产品。

本禁令自发布之日起施行。

员工违反上述禁令，对相关责任人给予警告及以上处分；引发事故事件的，按照事故事件管理规定对责任人予以处理；发生违法违规的事件，按照相关法律法规要求对责任人处理。

2021 年 7 月 17 日

一、建设项目越红线开发和环境保护、水土保持未批先建、未验先投与批建不符

（一） 释义

（1）违反生态环境保护有关规定进行开发建设决策或者项目审批的。

（2）在禁止开发区域或违反重点生态功能区产业准入负面清单制度进行开发建设的。

（3）破坏国家和地方重点保护野生动植物生存环境的。

（4）建设项目环境影响评价、水土保持文件未依法报批或备案，或者环境影响评价、水土保持文件未经批准，或者批准后建设项目发生重大变动而未重新报批环境影响评价、水土保持文件，或者环境影响评价文件自批准之日起超过5年才开始建设而未经重新审核同意，擅自开工建设的。

（5）需要配套建设的环境保护设施未经验收或者经验收不合格，建设项目已投入生产或者使用的，或者在验收中弄虚作假的。

（6）未按照环境影响评价、水土保持文件要求，配套建设环境保护、水土保持设施的。

（二）　图标

建设项目越红线开发和环境保护、水土保持未批先建、未验先投与批建不符

（三）　典型案例

1. 事件概况 >>>

2016 年，中央生态环境保护督察某省期间指出：2013 年以来，某油田和某石油集团违规在某省级自然保护区内建设油井，督察时仍在进行违法生产。

2. 事件后果 >>>

按照中央及省政府要求，该油田对自然保护区内已建的 132 口油水井及配套设施进行了关停、封堵、拆除和植被恢复，发生费用 6000 余万元。上缴政府罚款 460 万元。追究了 12 名（处级 2 名）责任人责任。

3.经验教训 >>>

这是一起典型的越红线开发案例，该违法行为造成了大量的资源损失、资产流失和退出费用支出，相关人员受到了党纪政纪处分。

1.事件概况 >>>

2016年11月，某市环保执法人员现场检查时发现，A公司于2015年8月建设年产5亿瓦时储能锂离子电池生产项目，检查时两幢生产厂房已建成，2016年10月已安装一条生产线并进行生产调试，未依法报批建设项目环境影响评价文件。同时发现，A公司于2015年11月租用B公司厂房建设锂离子电池生产项目，未依法报批建设项目环境影响评价文件，未建设配套的环境保护设施，也未经环保"三同时"验收。

2. 事件后果 >>>

2016 年 12 月，市环保部门依据《中华人民共和国环境保护法》《中华人民共和国环境影响评价法》《建设项目环境保护管理条例》等规定作出了行政处罚决定，责令 A 公司停止年产 5 亿瓦时储能锂离子电池项目的建设和 B 公司锂离子电池项目的生产，并处罚款 159 万元。

3. 经验教训 >>>

项目审批周期长、门槛高、难度大，部分企业或心存侥幸，或追求短期效益，项目未批先建、未验先投、批建不符等违法现象屡有发生，不仅违反国家法律法规，而且一旦被责令停止生产、恢复原状，将会给企业造成极大的损失。

二、污染物超类、超标、超量和无证排放

（1）未依法取得排污许可，或未按照排污许可要求排放污染物的。

（2）超过污染物排放标准，或超过污染物排放总量控制指标排放污染物的。

（3）未经许可排放 COD、氨氮、SO_2、NO_x、CO_2、CH_4 以外种类污染物的。

（二）　图标

污染物超类、超标、超量和无证排放

（三）　典型案例

1. 事件概况 >>>

2017 年，某市环境保护局执法人员会同该市环境保护监测站对该市某新型环保砖厂砖窑废气排放口进行监督性监测。监测报告显示：该砖厂砖窑废气排放口颗粒物折算后排放浓度为 40.7mg/m³，超标 0.36 倍；二氧化硫折算后排放浓度为 321mg/m³，超标 0.07 倍，对周围环境造成影响。

2. 事件后果 >>>

针对该新型环保砖厂废气超标的事实，该市环保部门对该新型环保砖厂处以 10 万元的行政处罚。

3. 经验教训 >>>

国家、属地省市政府持续加大大气污染物

排放执法检查，现场随机取样检测，油田生产设施因燃料、设备工况、日常维保不到位等因素导致的超标问题时有发生，必须从管理、技术、监测等方面落实措施，才能杜绝类似问题发生。

三、非法倾倒、掩埋固体废物；危险废物与一般固废混存混放及油泥超期超量贮存

（1）非法倾倒、掩埋、处置或违规处置油泥、钻井液（岩屑）、工业垃圾、生活垃圾等固体废物的。

（2）不制订危险废物管理计划，不按照国家规定填写危险废物转移联单、未经批准擅自转移危险废物的。

（3）未采取相应防范措施，造成固体废物扬散、流失、渗漏及环境污染的，在运输过程中丢弃、遗撒的。

（4）不同固体废物未分别建立管理台账，去向不明的，产生、转移、储存、处置过程信息无法追溯、查询的。

（5）不同类别危险废物混存混放、打包处置的，危险废物与一般固体废物未分类收集、分类计量、分类储存、分类处置的。

（6）在生产场所、储存点、内部处理厂等长期堆存油泥，以及储存量超过设计库容的。

**非法倾倒、掩埋固体废物；危险废物与一般固废
混存混放及油泥超期超量贮存**

（三）　典型案例

1. 事件概况 >>>

2020 年 1 月 22 日晚，接群众举报反映某市有固废填埋的情况。该市生态环境局县分局

执法人员连夜会同镇派出所民警前往现场开展调查，调阅监控发现：2020 年 1 月 13 日起，一辆拖拉机在凌晨 5—6 时在厂房与山之间往返多次，运输过程中车上盖有绿色布盖。经查证，拖拉机为陈某所有，陈某于 2020 年 1 月开始使用拖拉机将自建厂房内的工业固废拉至山上倾倒并驾驶挖掘机将其覆盖，共倾倒 4.5 车次，倾倒的固废使用泥土覆盖，表面留有部分絮状废物，其余大部分废物仍被埋在地下。经现场挖掘查实，倾倒、填埋的固废为废油漆桶、油漆渣，经鉴定属于危险废物，通过过磅称重，共计 8.61t。

2. 事件后果 >>>

依据《中华人民共和国固体废物污染环境防治法》《最高人民法院、最高人民检察院关于办理环境污染刑事案件适用法律若干问题的解释》，对当事人陈某追究刑事责任。

3. 经验教训 >>>

国家及属地省市政府高度重视固废案件查

处，且不断发动群众、依靠群众发现案件线索，实施精准打击，建立公检法联动机制，第一时间移送、第一时间侦办、第一时间查处，一旦触犯法律，将给企业、个人造成严重后果。

四、将固废、废液交给无资质、无处理设施的服务商处置

（一）　释义

（1）将危险废物提供或者委托给无危险废物经营许可证的服务商处置的。

（2）将固体废物、废液提供或者委托给无相应资质的服务商处置的。

（3）将固体废物、废液提供或委托给无相应处理设施的服务商处置的。

（4）将固体废物、废液提供或委托给处理工艺不符合环保政策要求的服务商处置，或处理后尾渣、尾液处置不符合法律要求的。

（5）提供或委托处置的固体废物、废液总量超过服务商处置能力（规模）的。

（二）　图标

将固废、废液交给无资质、无处理设施的服务商处置

（三）　典型案例

1. 事件概况 >>>

2021 年 4 月 8 日，某市生态环境局接到举报，有人在县某工业区内收购废油漆桶。执法人员立即赶到现场开展调查。经查实，某科技有限公司为了节省处置费用，在明知企业生产过程中产生的废油漆桶是危险废物的情况下，将 120 余个废油漆桶非法提供给无危险废物经营许可证的废品回收者当废品出售。

2. 事件后果 >>>

此行为触犯《中华人民共和国固体废物污染环境防治法》，该市生态环境局县分局对涉案的企业进行立案查处，处罚款 126 万元，相关责任人员移送公安机关实施了行政拘留。

3. 经验教训 >>>

油气田勘探开发危险废物涉及油泥、含油固废、废机油、废弃电池（锂电池、铅酸蓄电池等）、脱硫装置尾渣、采出水处理废滤料、化验室废弃物、废酸废碱等，稍有疏忽就会发生类似违法问题，必须加强管理，尤其要加强承包商非法处置危废问题的监督与查处。

五、天然气、油井伴生气不点火直排及原油、天然气凝液、液化石油气、废水等储存设施敞口运行

（一） 释义

（1）油井井口直排伴生气，油气场站火炬不点火直排。

（2）试气天然气未点火直排。

（3）原油、天然气凝液、液化石油气及废水等未密闭集输，储存设施敞口运行，未采用底部装载或顶部浸没方式进行装载的。

（4）油气集中处理站边界非甲烷总烃浓度超过 $4.0mg/m^3$ 的。

（5）设备与管线组件密封点不少于2000个的油气集输场站，未开展 VOCs 检测与修复的。

（二）　图标

天然气、油井伴生气不点火直排及原油、天然气凝液、液化石油气、废水等储存设施敞口运行

（三）　相关知识

1. 天然气、油井伴生气直排 >>>

天然气、油井伴生气主要成分为甲烷，不点火直排存在以下风险：一是安全风险，甲烷无色、无味、易燃，与空气混合形成爆炸性混合物，遇热源、火源有燃烧、爆炸危险；二是健康危害，甲烷对人基本无毒，但浓度过高时使空气中氧含量明显降低，当空气中甲烷达25%～30%时，可引起头痛、头晕、乏力、注意力不集中、呼吸和心跳加速、共济失调，导致窒息死亡，且油井伴生气中可能含硫化氢等剧毒气体；三是环境危害，甲烷是一种温室气体，研究表明，就单位分子数而言，甲烷的温室效应比二氧化碳高25倍。

2. 挥发性有机物（VOCs）>>>

挥发性有机物（VOCs）是指常温下饱和蒸气压大于70.91Pa、标准大气压101.3kPa下沸点在50～260℃以下且初馏点等于250℃的有机化合物，或在20℃条件下，蒸气压大于或等于10 Pa且具有挥发性的全部有机化合物。其参与大气环境中臭氧和二次气溶胶的形成，对区域性大气臭氧污染、PM2.5污染具有重要影响，也是导致城市灰霾和光化学烟雾的重要前体物。大多数挥发性有机物有令人不适的特殊气味，并具有毒性、刺激性、致畸性和致癌作用，特别是苯、甲苯及甲醛等对人体健康有很大伤害。

挥发性有机物治理攻坚是国家蓝天保卫战的重要任务，2021年国家正式实施的《陆上石油天然气开采工业大气污染物排放标准》（GB 39728）对挥发性有机物管控提出了严格要求。原油、天然气、采出水、液化石油气、天然气凝液的开采、生产、存储、装卸、集输、处理等全过程均涉及挥发性有机物排放。储存设施敞口运行、设备与管线渗漏、火炬排放及传统方式装载均是挥发性有机物的主要来源。

六、利用暗管、暗洞、渗井、渗坑等偷排乱排工业废水、生活污水

（一） 释义

（1）通过暗管、暗洞、渗井、渗坑排放工业废水、生活污水的。

（2）灌注采出水、措施废液，或未经达标处理回注的。

（3）因井筒施工质量低、监测治理不到位、报废井封堵不到位导致套管破损、窜层、地表返水或地下水污染的。

（4）未采取措施，造成工业废水、生活污水扬散、流失、渗漏或者其他严重后果的。

（5）倾倒工业废水、生活污水的。

利用暗管、暗洞、渗井、渗坑等偷排乱排
工业废水、生活污水

 事件概况 >>>

2020 年 12 月 8 日，中央电视台《焦点访谈》

播出《明修雨管暗排污水》，对某石化公司第四雨水站和第五生活污水站在雨水线与污水线间加接跨线、第四雨水站排放污水、第五雨水站雨污混排等问题进行了报道。经调查，该石化公司存在提标改造工程滞后、守法合规意识淡薄、专业管理职责落实不到位、环境保护监管缺失、舆情风险研判不足等问题，导致生活污水未经处理直接通过雨水口混合排放。

2. 事件后果 >>>

对 13 人进行问责（含处级领导 7 人），其中 2 人免职、4 人行政记大过、6 人记过、1 人警告。

3. 经验教训 >>>

《中华人民共和国环境保护法》《中华人民共和国水污染防治法》等法律明令禁止利用暗管、暗洞、渗井、渗坑等排放污水，属生态环境保护的底线红线，违反必将受到严惩。

案例二

1. 事件概况 >>>

2021年5月10日，某油田纪委办公室接到群众信访举报信，反映"有人将某采气厂污水倒在某村"。经调查，该村村民曹某请求同学潘某（污水拉运商负责人）用罐车拉运生活污水浇灌自家农田，潘某认为生活污水没有污染性，且又不好拒绝同学请求，遂将从某天然气处理厂拉来的2～3车污水倒入曹某农田，被群众拍下照片、视频后举报。

2. 事件后果 >>>

涉事服务商及所属车辆被清退，该厂领导班子被约谈，4人受到通报批评，1人受到提醒谈话，3人受到批评教育。

3. 经验教训 >>>

承包商环保意识不足，生产单位污水产

生、拉运、处置等环节风险辨识不清，合同约定、台账、票据、联单、承包商人员培训教育及监督监控措施落实不到位等问题，极易导致偷排污水事件发生。

七、无有效环保措施（设施）开展施工作业

（一）　释义

（1）施工作业方案（设计）中无环保措施或应配套清洁环保设施而未配套的。

（2）施工作业现场污油、污水等防渗、防泄漏措施未落实，造成地面污染的。

（3）施工作业现场存在明显跑冒滴漏的。

（4）施工作业现场烟气、扬尘、噪声等未采取防治措施的。

（二）　图标

无有效环保措施（设施）开展施工作业

1.事件概况 >>>

2020 年 11 月 13 日，某企业在位于某市某镇的场地平整工程项目施工中，未严格落实降尘措施，施工工地裸土覆盖不全、工地作业面及道路洒水抑尘、冲洗地面等有效防尘降尘措施落实不到位，造成工地出现扬尘污染问题。违反了《中华人民共和国大气污染防治法》第六十九条第三款"施工单位应当在施工工地设置硬质围挡，并采取覆盖、分段作业、择时施工、洒水抑尘、冲洗地面和车辆等有效防尘降尘措施。建筑土方、工程渣土、建筑垃圾应当及时清运；在场地内堆存的，应当采用密闭式防尘网遮盖。工程渣土、建筑垃圾应当进行资源化处理"的规定。

2. 事件后果 >>>

鉴于当事企业施工过程中采取了部分防尘降尘措施，及时停止违法行为并组织整改，未造成较重危害后果，对当事企业给予罚款人民币2万元整的行政处罚。

3. 经验教训 >>>

油气勘探开发各类施工作业，必须将环保措施（设施）配套作为施工许可必要条件，施工方案中环保措施不明确、设施不配套的，坚决不准予开工。要全面加强作业过程监督，对环保措施不落实或导致政府处罚、媒体曝光、群众举报的，要严肃追究甲、乙双方责任，切实将污染防治责任落到实处。

八、未经许可随意挖掘、随意扩大作业面积造成植被破坏、水土流失

（1）不按方案施工，随意扩大作业范围造成植被破坏、水土流失的。

（2）随意挖掘、随意取土造成植被破坏、水土流失的。

（3）钻前、钻试、地面等施工作业造成植被压覆未恢复的。

（4）场站、道路、边坡植被未恢复或未落实水土保持措施的。

未经许可随意挖掘、随意扩大作业面积造成
植被破坏、水土流失

（三）　典型案例

1. 事件概况 >>>

　　2019年10月，某省污染防治攻坚战督察组对本省某市开展驻区督察发现，该市某镇存在矿山非法开采，导致生态破坏严重。现场检查发现，受近年建材市场石料价格暴涨影响，在原已关停的采矿区内，滋生出众多"散乱污"项目，涉及私挖滥采、石料加工、铁石矿粉、沙石堆场、洗沙、洗矿等行业。在该镇某村东侧约600m位置发现一处上万平方米开采点，现场挖掘机、推土机、机械筛、渣土车繁忙作业，该开采点以土地整治项目为名，毫无顾忌，非法开采。另外，该村附近还发现两条石料破碎、筛选、水洗生产线，一处铁矿粉筛选、水洗生产线和数十处砂石料堆场，有的正在生产，有的存在明显生产痕迹。这些"散乱污"项目随意挖掘、肆意破坏，占用山体绿地，无治污设施，堆放生产废渣，直排洗矿废水，严重破坏当地生态环境。

2. 事件后果 >>>

被责令关闭，对破坏山体进行治理修复，相关责任人受到相应处罚。

3. 经验教训 >>>

　　油气田开发建设中，在钻前、地面、钻井试油（气）等施工环节，部分施工队伍不按方案施工，随意挖掘、随意扩大施工面积，造成非必要的植被破坏和地表长期裸露，有的造成严重的水土流失。必须从方案设计、过程监督和考核问责方面配套相应措施，才能从根本上杜绝此类问题发生。

九、擅自拆除、停用污染防治设施、环境监测设施，以及篡改、伪造环境监测数据

（一）　释义

（1）未按规定安装、使用污染物排放自动监测设备并与生态环境主管部门的监控设备联网的。

（2）擅自拆除、停用污染防治设施或污染物自动监测设施的。

（3）污染防治设施、自动监测设施传输数据异常或者污染物超标排放等异常情况不报告、不修复的。

（4）无污染防治设施、自动监测设施管理与运行台账的。

（5）未按照排污许可证规定保存排放口原始排放、监测记录的。

（6）篡改、伪造环境监测数据的。

（二）　图标

擅自拆除、停用污染防治设施、环境监测设施，以及篡改、伪造环境监测数据

（三）　典型案例

1. 事件概况 >>>

2018 年 4 月 27 日、28 日，某市中级人民法院分别一审公开开庭审理了该市环保局一分局 5 名工作人员和另一分局 2 名工作人员破坏计算机信息系统案。时任某分局局长何某、另一分局局长唐某分别指使、授意李某和张某用纱布堵塞采样头，干扰环境空气质量自动监测系统数据采集。

2. 事件后果 >>>

2017 年 6 月 16 日，该市中级人民法院一审判决，李某等 7 人行为均构成破坏计算机信息系统罪，获刑从 1 年 3 个月到 1 年 10 个月不等。

3. 经验教训 >>>

环境监测数据是全面反映环境质量现状和发展趋势的重要手段，为环境管理、污染防治、生态文明建设的科学依据，其重要性、严肃性不言而喻。修改、干扰、伪造数据必将受到法律严惩。

十、使用不符合环境保护规定的技术、设备、材料和产品

（1）使用严重污染环境的工艺或列入淘汰名录的技术、设备、材料、产品。

（2）生产工艺、技术、设备、材料、产品不符合国家、地方环保政策法规、标准。

（3）盲目上马"两高"（高耗能、高排放）项目。

（二）　图标

使用不符合环境保护规定的技术、设备、材料和产品

（三）　典型案例

1. 事件概况 >>>

中央生态环境保护督察通报指出，某市新材料有限公司配套化纤产业基础材料项目建设内容包括年产 60×10^4t 离子膜烧碱生产线，属于限制类的落后产能项目，但其所在区发展改革委员会仍于 2016 年给该项目备案，企业由此获得建设部门的施工许可等手续，2018 年 3 月开工建设，企业已建的一期第一部分年产 15×10^4t 烧碱生产线于 2019 年 12 月建成投产，一期第二部分 15×10^4t 烧碱生产线正在建设。

2. 事件后果 >>>

被中央生态环境保护督察通报，相关责任人受到相应处分。

3. 经验教训 >>>

  禁止使用违反环境保护规定的技术、设备、材料和产品及"高耗能、高排放"工程项目，是从根本上降低能耗、减排污染物总量的有效手段。